AF585759

DESTRUCTION

DES

PYRALES,

DES CHENILLES,

ET DE TOUTE ESPÈCE D'INSECTES,

Par Reyssier,

DE VILLEFRANCHE (RHONE.)

Prix : 50 Centimes.

SE VEND CHEZ L'AUTEUR.

VILLEFRANCHE,

IMPRIMERIE DE Ve PINET, RUE DE LA SOUS-PRÉFECTURE.

1844.

DESTRUCTION

DES

PYRALES.

PROCÉDÉ NOUVEAU le plus économique, le plus simplifié et le plus facile dans son exécution, pour la destruction des pyrales et de toute espèce d'insectes qui ravagent le vignoble, les terres et les jardins.

Contenant la méthode à suivre pour opérer sur la vigne, l'époque à laquelle il faut s'en occuper, et la manière de se servir du pinceau de fil de fer, instrument indispensable inventé par l'auteur, dont lui-même s'est servi avec un plein succès pour cette opération.

Ce procédé est indispensable à MM. les propriétaires, à leurs vignerons, également utile à MM. les pépiniéristes, les jardiniers, les grangers et à tous les agriculteurs.

Le S.r REYSSIER, de Villefranche (Rhône), a été signalé par la société d'agriculture de la ville de Lyon, comme innovateur d'un procédé nouveau à employer pour la destruction des pyrales.

Récompensé et encouragé en l'année 1828.

Recommandé de nouveau à la bienveillance du Ministère, ayant obtenu la médaille d'or en l'année 1834, par l'entremise de M. Janson, président de la société d'agriculture de Lyon.

Présenté tout récemment à MM. les Membres de cette société, comme l'auteur du meilleur procédé à employer pour l'extermination des pyrales et de toute espèce d'insectes ; admis à une séance publique qui s'est tenue le 29 juin 1844, par MM. les membres du Comice Agricole, à l'effet de fournir les documents nécessaires et de donner le plus grand développement sur cette matière et sur les moyens à employer pour la destruction générale de ces insectes.

PROCÉDÉ

NOUVEAU, ÉCONOMIQUE ET FACILE,

POUR

L'ENTIÈRE DESTRUCTION

DES

PYRALES & TOUS AUTRES INSECTES.

Après m'être fait une étude sérieuse des insectes en général, et particulièrement des pyrales, je dois m'attacher à faire connaître au public, la raison puissante qui donne au bois de la vigne, ce raboteux, ce sarment court, ainsi qu'on le voit. Il est recouvert d'une écorce poreuse, légère et susceptible de servir d'abri à toute espèce d'insectes. Je crois aussi devoir donner le plus grand développement à la matière que je traite, comme devant devenir une suite inévitable des ressources que se ménage l'insecte dans le bois du cep et sous son écorce.

Fait incontestable : le bois de la vigne est raboteux, glandé et tortu ; par le seul motif que ce bois est taillé toutes les années, alors la végétation étant concentrée et arrêtée, il s'y forme une espèce de glande, la sève se roule sur elle-même; ce qui est cause que le cep se courbe et prend différentes formes saillantes et tortueuses. Il est donc évident que le bois de la vigne offrant des sinuosités, des cavités, des cellules mêmes à ces insectes ils y trouvent là une retraite assurée. J'avance aussi avec la plus grande conviction que, toute sorte d'insectes peuvent venir s'insinuer sous cette écorce si propice à leur conformation.

Ce procédé est facile dans son exécution et très peu dispendieux. Un vigneron peut opérer cent ceps en une heure de temps sur une vigne de vingt-cinq à trente ans, comme il peut en nettoyer soixante-dix sur une vigne de soixante-cinq ans, par un temps sec. Il a aussi la faculté de pouvoir employer, à ce genre de travail, son épouse et ses enfants. D'après cette méthode, ou a le double avantage de détruire toutes les espèces d'insectes qui cherchent un asile dans le bois de la vigne (car les pyrales ne sont pas les seuls insectes). On a en outre l'avantage d'éviter un fléau, pour ainsi dire, plus terrible encore que les pyrales; ce fléau est la gelée du bois dont je vais entretenir mon lecteur.

Premièrement, personne n'ignore que le bois

de la vigne gèle facilement toutes les années, ainsi que toute sorte de bois. Mais la vigne est plus susceptible d'être attaquée par l'action d'une forte gelée, et ce qui y coopère le plus c'est cette écorce spongieuse sur laquelle viennent séjourner, soit les rosées, soit les gouttes d'eau de la pluie, qui entretiennent une humidité constante, pernicieuse dans l'écorce du bois. Par suite, cette humidité s'insinuant profondément dans les pores du cep, occasionne nécessairement cette forte gelée si nuisible à la vigne dans ces contrées.

A cet effet, je me suis occupé spécialement de cet objet, en faisant différents essais et plusieurs expériences depuis l'année mil huit cent quarante, soit par le moyen des gants de peau ferrés, soit par celui des brosses, de divers pinceaux de fils de fer et de crochets pour opérer sur la vigne. Mais aucun de ces instruments n'a pu servir avec efficacité, n'a pu remplir mes vues, et n'a pu devenir celui convenable, l'outil indispensable. Enfin je n'ai négligé aucun moyen pour réussir dans mon entreprise, les dépenses mêmes ne m'ont pas arrêté. Combien de courses sur courses n'ai-je pas fait ? que de veilles consacrées ? En un mot, je m'estimerais trop heureux si tant de sacrifices pouvaient être couronnés d'un succès quelconque, et que mon essai pût devenir de quelque utilité pour l'agriculture.

L'instrument le plus propice, et celui que j'ai cru devoir choisir pour opérer sur la vigne, d'après mon procédé, afin de pouvoir nettoyer le cep, habilement et en entier, c'est le pinceau en fil de fer cru, N.° 6, d'une dimension de quinze centimètres de longueur sur trois centimètres de largeur à son extrémité la plus saillante, ayant un centimètre environ d'épaisseur. Cet outil devra avoir une certaine flexibilité à son centre, et les pointes extérieures assez aigues pour pouvoir racler fortement le bois du cep, ces pointes se crochettent les unes les autres par le moyen du frottement.

Pour opérer avec succès dans la vigne, il est extrêmement essentiel de suivre de point en point les documents suivants : l'époque la plus convenable à laquelle doit se faire l'opération de brosser le cep avec le pinceau indiqué plus haut, est après les vendanges, lorsque les feuilles de la vigne sont tombées. Néanmoins, on peut prolonger l'opération jusqu'au 15 janvier, terme de rigueur, après lequel il serait même nuisible de le faire. La manière la plus efficace de brosser le cep de la vigne c'est d'émonder d'abord les jets inférieurs et de les couper pour s'en débarrasser, ne laissant que ceux dits : bons porteurs sur pied. Ensuite il faut agiter le pinceau verticalement du haut en bas, en tenant l'outil à plat, tant en descendant qu'en remontant, et le tourner par côté, par fois, pour l'insinuer dans les cavités et les sinuosités du cep. C'est par ce moyen ingénieux de propreté à entretenir le cep que l'on peut parvenir à exterminer cette race dévastatrice de la vigne, avec d'autant plus de raison que, les gîtes où ces insectes croyaient pouvoir se loger pendant la saison de l'hiver se trouvent détruits par l'effet du frottement fait avec le pinceau.

En sorte que l'insecte cherchant un abri pour pouvoir passer la saison rigoureuse de l'hiver fouille inutilement à l'entour du cep. A cette époque, les pluies, les brouillards, le froid se fesant sentir, les pyrales, ainsi que les autres insectes, entrant alors en métamorphose, se trouvant ainsi exposés à toutes les intempéries de la saison et n'ayant pu découvrir leur gîte, cette retraite assurée qui a été détruite avec le pinceau, ces insectes, dis-je, finissent par périr de misère sans retour.

Il est à remarquer qu'il se manifeste plusieurs pontes chez les pyrales, comme il y a différentes végétations sur la vigne. Des diverses phases de ces insectes il résulterait que s'il existait un procédé assez efficace pour paralyser l'effet de la première ponte, lors de la première végétation, ce moyen n'aurait plus le même succès lors de la deuxième et troisième ponte. Résultat incomplet sur la destruction de ces insectes. C'est précisément ce que l'on n'a point à redouter en employant mon procédé, qui étouffe le ver et toute sa progéniture dans son berceau.

Les différentes épreuves que j'ai faites dans le Beaujolais ont été couronnées de succès et je vais en fournir la preuve.

A cet effet, je me suis transporté dans le vignoble pour pouvoir donner cours à mes opérations sur une grande échelle de vignes d'après mon nouveau procédé, le seul convenable, le moins dispendieux et le plus avantageux. C'est dans plusieurs propriétés où siégeait cet insecte que j'ai opéré à la fin de l'année dernière, principalement dans le vignoble de M. Chanal, propriétaire à Arnas, canton de Villefranche, département du Rhône, membre de la société d'agriculture, sciences naturelles et arts utiles de la ville de Lyon. Les vignes sur lesquelles j'ai opéré sont de toute beauté et sont exemptes de pyrales.

Nous avons beaucoup d'autres insectes à redouter, tels que la chenille, le gribouri, insecte coléoptère, le perce-bourgeon, surnommé vulgairement le pique-brou, l'ichneumon, insecte hyménoptère; tous ces insectes nuisent essentiellement à la vigne, aux arbres et aux plantes.

Quant à la chenille, le moyen de la détruire est très-facile, c'est lorsqu'elle a entièrement formé sa poche, à l'entrée de l'hiver, après les vendanges, qu'il convient de l'attaquer dans sa retraite, ce qui se pratique par le moyen d'une flèche tranchante des deux côtés. Il s'agit simplement de percer la poche dont la chenille est entourée avec ce fer tranchant, dès-lors cet insecte se trouvant exposé à la pluie, à la gelée et au froid rigoureux de l'hiver, subit le même sort que les pyrales ; il finit, lui et sa ponte, par périr de misère.

Le gribouri se blottit toujours au pied du cep, où il établit sa ponte, à trois centimètres au-dessus de la surface de la terre, toujours à la même époque des autres insectes. Pour le détruire on emploie deux moyens, l'un est de déchausser le pied à la profondeur de trois centimètres environ et d'y verser une décoction de chaux dans la proportion d'un hectolitre d'eau sur quatre kilog. de chaux sèche, ensuite de bien mêler le liquide et d'en verser un litre au pied de chaque cep. Après quoi il faut recouvrir le pied de la plante avec la même terre que l'on avait enlevée. L'autre moyen est celui déjà indiqué pour la destruction des pyrales, en raclant fortement le cep avec le pinceau de fil de fer jusqu'au pied, le gîte de l'insecte se trouve totalement détruit et il périt comme il l'a été dit des pyrales.

Le perce-bourgeon et l'ichneumon se trouvent dans la même catégorie que les pyrales, leurs gîtes étant sous l'écorce du cep, il ne leur reste plus aucune retraite, en employant le pinceau de fil de fer, ils périssent également.

Au surplus, on entrevoit aisément une même analogie entre les bestiaux, de quelque nature qu'ils soient, ainsi que chez les enfants ; s'il arrivait que l'on ne soignât pas des bestiaux tels que les chevaux, les vaches, les moutons, les agneaux et autres semblables; si on les négligeait au point de les laisser dévorer par la vermine, ils n'auraient plus la même vigueur, ni le même crû qu'ils auraient pu avoir s'ils avaient été bien nettoyés, bien appropriés ; il en serait de même des enfants, ils languiraient sur terre, ils seraient toujours maladifs et dépériraient. La même comparaison ici peut se faire quant à la vigne, si elle n'était pas nettoyée et dépouillée de cette écorce spongieuse, vermineuse, ainsi que j'indique de le faire, elle dessécherait peu à peu et finirait par être entièrement dévorée par la vermine et par être privée de toute croissance.

En opérant ainsi que je viens de l'indiquer, il en résulte un autre avantage non moins important, celui de renouveler l'opération du pinceau seulement de trois années en trois années, tandis que par le procédé de l'eau chaude il faut recommencer l'opération chaque année, preuve certaine que ce procédé demeure incomplet et qu'il est peu satisfaisant. Il est reconnu que l'eau chaude produit un certain résultat la première année, mais d'après maintes observations les pyrales de la seconde et troisième ponte ayant échappé à cette espèce de contagion, d'asphyxie, ces insectes, dis-je, se regénèrent de nouveau sous une conformation plus vigoureuse, beaucoup plus robuste et deviennent infiniment plus nombreux qu'auparavant; ce dont je me suis convaincu en vérifiant des ceps opérés d'après le procédé de l'eau chaude.

Les grands inconvénients qui surgissent de toutes parts en mettant en pratique ce dernier procédé, font déjà reculer un grand nombre de propriétaires du vignoble qui ne veulent plus le mettre à exécution, soit par rapport au fort degré de chaleur que l'on procure aux ceps tour-à-tour, soit en raison des dégats occasionnés dans le vignoble, en voiturant la chaudière sur ce terrain humide, où piaffent tant de personnes en allant et en revenant à chaque instant sur la même place qui se trouve déjà humectée par l'eau répandue ça et là. Cette terre ainsi fatiguée acquiert une telle dureté qu'elle devient impraticable et résiste même à la pioche; on croirait après cette opération se trouver sur une grande route. En outre, en fesant ainsi circuler cette chaudière, le degré de chaleur s'est tempéré dans l'intervalle, il s'est ralenti au point que l'eau bouillante est devenue tiède, elle ne peut plus alors produire le même effet et ne peut que dénaturer le succès du procédé, rendre l'opération insignifiante et comme nulle, tant par un degré de chaleur préjudiciable à la vigne, que par un degré de chaleur impuissant, n'ayant plus la vertu d'exercer la moindre influence sur les ceps opérés d'après ce procédé.

J'avance donc avec certitude que les ceps opérés d'après cette dernière méthode sont cicatrisés du côté que le soleil les chauffe, aussi il n'y viendra pas d'autre écorce nouvelle. Quand les fortes chaleurs se feront sentir la plaie en sera reconnue, elle attaquera le cœur du bois et la moëlle du cep. On verra alors le bois se fendre sur divers points et la vigne dépérir peu à peu sans pouvoir porter le moindre fruit.

Mais il n'en est pas de même en employant le procédé *Reyssier*, ici la propreté du cep est sa base, je le répète, en nettoyant bien la vigne, en la raclant fortement avec le pinceau de fil de fer crû, on enlève toute espèce de retraite, on détruit tout gîte quelconque qu'auraient pu se ménager, non-seulement les pyrales mais toute sorte d'insectes, quels qu'ils soient, qui se blottissent ordinairement dans la vigne pendant l'hiver, la preuve en est frappante : si l'on ne nettoie pas soigneusement les bestiaux, les enfants mêmes, si on les laisse dévorer par la vermine, aucun d'eux ne pourrait prospérer, ne saurait prendre un accroîssement convenable ; ce crû, ce progrès serait aussi bien paralysé chez les bestiaux qu'il le serait chez nos enfants. Les plantes se trouvent placées dans une même catégorie, les potagères, celles d'horticulture ou de botanique, si on ne les soigne pas, si on n'en nettoie pas bien le pied ou la plante, elles ne feront aucun progrès. Or, les ceps comme les plantes si on ne les nettoie point ne peuvent que dessècher et périr de misère.

Au résumé mon système est général ; il est propice à l'agriculture de quel que genre que ce soit ; mon procédé est le seul convenable, le plus simplifié, le plus économique ; sous ces deux derniers rapports il doit prévaloir, il est aussi le plus facile dans son exécution. D'après toutes ces considérations, Messieurs les propriétaires opulents n'occasionneront plus à leurs vignerons des dépenses excessives qu'ils ne peuvent supporter, à moins qu'ils ne mettent mon procédé à exécution ; et Messieurs les propriétaires moins riches pourront, s'ils le veulent, faire une économie en mettant la main à l'œuvre eux-mêmes ; car ce genre de travail n'est pas pénible, il n'exige rien autre si ce n'est du soin et de l'attention.

Les personnes qui trouveraient trop de difficulté à se servir de la décoction de chaux sèche pour la destruction du gribouri, pourraient, munis d'une *truyandine*, donner quelques pointes en terre autour du cep, de manière à y laisser un vide tout autour du pied. C'est ainsi que l'on devra laisser le cep pendant la saison de l'hiver ; ces insectes, alors, se trouvant exposés à la rigueur de la saison périront infailliblement (*).

(*) On ne peut se procurer cet ouvrage que chez M. REYSSIER, innovateur de ce procédé, demeurant à Villefranche *(Rhône)*, Porte de Belleville.

www.ingramcontent.com/pod-product-compliance
Lightning Source LLC
LaVergne TN
LVHW052029170826
845678LV00018B/1439

* 9 7 8 2 3 2 9 6 3 1 0 4 2 *